水知识趣读

（5-8岁）

王　浩　主编

甘　泓　张海涛　周又红　副主编

科学普及出版社
·北　京·

图书在版编目（CIP）数据

水知识趣读. 5-8岁 / 王浩主编 ; 甘泓, 张海涛, 周又红副主编. -- 北京 : 科学普及出版社, 2022.11(2024.7重印)
ISBN 978-7-110-10473-6

Ⅰ. ①水… Ⅱ. ①王… ②甘… ③张… ④周… Ⅲ. ①水—儿童读物 Ⅳ. ①P33-49

中国版本图书馆CIP数据核字(2022)第129365号

策划编辑　邓　文
责任编辑　郭　佳
图文设计　金彩恒通
责任校对　邓雪梅
责任印制　徐　飞

出　　版　科学普及出版社
发　　行　中国科学技术出版社有限公司
地　　址　北京市海淀区中关村南大街16号
邮　　编　100081
发行电话　010-62173865
传　　真　010-62173081
网　　址　http://www.cspbooks.com.cn

开　　本　720毫米×1000毫米　1/16
字　　数　100千字
印　　张　6.5
版　　次　2022年11月第1版
印　　次　2024年7月第2次印刷
印　　刷　北京世纪恒宇印刷有限公司
书　　号　ISBN 978-7-110-10473-6/P·231
定　　价　39.80 元

编 委 会

本册作者： 周又红　闫莹莹　张海涛　韩　静　马　兰
李　岗　张长军　褚文莉　杜文丽　姚　峰
赵　溪　孟　圆　侯利伟

序

水是生命之源，是地球表层的自然环境与各种生态系统相互作用、相互演变的控制性因素。水也是人类文明的基础性资源。在全球人口不断增长的情况下，水已成为各国经济发展的战略性资源。必须以水资源的可持续利用保障社会经济的可持续发展，已成为当今世界各国的共识。

经过长期奋斗，我国以占全球约5%的可更新水资源、9%的耕地，保障了占全球19%人口的温饱和经济发展。但是，在未来的发展中，我国的水资源能否支持未来人口的食物供应和社会经济的可持续发展，仍是全世界瞩目的问题。

一方面人多水少，另一方面用水效率不高，这是我国的基本水情。至今，我国每立方米水的产出，仍明显低于发达国家。水质污染，更加剧了水资源的供需矛盾。因此，建设节水防污型社会，是我国建设资源节约型、环境友好型社会的一个重要内容，是贯彻落实科学发展观的一个重要任务。建设节水防污型社会的核心是提高用水效率，这是一场革命，需要全社会各个方面的推动和协作。

积极开展水教育活动，转变公众的用水观念，是提高用水效率的一个根本举措。因此，水教育行动计划是一个非常有意义的项目，对普及水科学知识、提高全民“知水、爱水、节水、护水”意识和能力、建设节水防污型社会，以至宣传人与自然和谐发展的理念方面，都有很大的推动作用。现在，经过所有项目参与单位的共同努力和项目组全体同志的辛勤工作，作为项目重要成果之一，集普适性和针对性为一体的水教育系列读本就要面世了，这是我国水教育和水文化事业的一个创举，也是水利界在落实科学发展观中的一个创举。希望同仁们继续努力，有计划、有步骤地展开相关领域的研究工作，不断取得更新、更大的成绩！

特为之序。

[signature]
2008,6-6

前 言

水孕育了生命，滋养了人类，支撑着社会进步和经济发展。人类一直为生活在这个水储量十分丰富的“水球”上而自豪，因为地球71%的表面积覆盖着水，陆地面积仅占29%。但是后来人类发现，我们能够利用的淡水资源仅占地球水量的0.5%，地球上因水资源短缺、水污染而产生的“环境难民”的数量早就超过了战争难民数量。事实上地球这个以“水球”自居的星球早就开始了“水荒”。

我国是世界上人口最多的国家，约占世界的1/5。我国淡水的拥有量却不到全球淡水总量的2%。我国人均水资源量仅为世界平均水平的1/4，而且还分布不均。可以说，我国水资源供需矛盾一直存在，且态势严峻，节约和保护有限的水资源是我国可持续发展中的重大问题，未来充满了挑战。

公众是节约和保护水资源的主体，面向公众开展水知识教育活动势在必行。特别是对青少年开展水教育，引导他们学习水知识，培养节水意识，号召大家积极参加“节水、护水、爱水”的行动等对建立和谐社会具有非常重大的意义。

为广泛推广水教育，应对未来水问题，本套丛书由王浩院士领衔，一批从事水资源研究的专家、学者及从事一线科普教育的资深教师历时六年精心雕琢而成。丛书聚焦一系列与水相关的议题，是一套科学全面、妙趣横生、新颖活泼的丛书。这套丛书分为5—8岁、9—12岁、13—18岁三个年龄段，具有较强的趣味性、知识性和实践性。

（1）趣味性：书中从水的基本性质入手，设计了丰富的游戏和实验，例如一枚硬币上究竟能滴几滴水、制作水滴放大镜、有关水的成语接龙等，都体现了本书较强的趣味性。

（2）知识性：书中介绍了我国悠久的水文化、水历史，例如大禹治水、都江堰等脍炙人口的故事；介绍了我国长江、黄河、珠江、海河、淮河等重要河流的特点；也包含了节约用水、保护水资源、现代水利、应对水问题等策略性的知识。

（3）实践性：本书不但设计了实验来锻炼青少年在室内的动手动脑能力，而且也设计了到野外调查水利工程、采集水样、到市民家里了解水价格等具有较强实践意义的活动，与大力倡导的素质教育紧密结合。

这套丛书的第一版于2008年问世，已在国内开展过100多次水知识课堂培训，在北京黄城根小学、二里沟小学、北京八中等200多所中小学得到应用和推广，多次在“世界水日”、“中国水周”等重大活动中使用和宣传，已成为国内开展水教育活动的优秀成果。

2021年在联合国教科文组织东非办事处的支持下，中国水利水电科学研究院将本套丛书翻译成英文等多个语种，把这部丛书分享给其他国家和地区的师生进行水教育活动，提高外国青少年的水知识素养。

面对水问题和水危机，让我们携起手来推广、普及水科学知识，积极投入到节约和保护水资源的行动中，使我们的河流更清澈，我们的家园更美丽，人类的生活更幸福！知水、爱水、节水、护水，我们在行动！

编委会

2022年10月

CITY

小水滴
水滴爸爸

水滴爷爷

水滴妹妹

水滴妈妈

目录

第一章

可爱的小水滴

故事乐园　我是谁？

游戏天地　我悄悄地走，你却不知道

绿色童谣　看我七十二变

点子世界　我也是个放大镜！

故事乐园

我是谁？

第一章

太阳说：“你是一块剔透的水晶，
把我的头发映成了七彩的颜色。”

月亮说：“你是一面晶莹的镜子，
把我照得更加明亮。”

小草说：“你是我生命的源泉，
让我尽情生长，欣欣向荣。”

小鸭子说：“你是我最爱的游乐场，
让我能欢快地游弋。”

小姑娘说：“你是我的好朋友，
我们一起做游戏。”

我到底是谁？
“我是快乐的水娃娃，围绕在你的身旁。
太阳是我的大花环，月亮是我的小夜灯，
小草伴我游世界，小鸭陪我笑呵呵。”

游戏天地

我悄悄地走，你却不知道

小朋友，准备好了吗？我们一起来做游戏吧！

材料

滴管（或矿泉水瓶盖）。

步骤

在你的左臂上滴一滴水，试着让这滴水流到你的右臂上。

怎么样，水流得顺利吗？

再来做一个游戏：两个小组比赛，看哪个组最先把水滴完好地从第一个小朋友传递到最后一个小朋友那里。（注意：每组最少有五人）

开始

五个小朋友站成一排，挽起袖子。

把一滴水滴在第一个小朋友的手臂上。

第一个小朋友小心翼翼地把手臂上的水滴转移到第二个小朋友的手臂上。

继续传递这滴水，直到把它转移到最后一个小朋友的手臂上。

大家一起看看这滴水：它和最开始时相比，有什么变化呢？它流过你的手臂时，你有什么感受？水滴流走了还是被你留下了？

看我七十二变

我是一颗小水滴，孙悟空也没有我的本领大。

变变变！ 我变成一片雪花，飘呀飘呀，落到雪人头上。

变变变！ 我变成一片乌云，飞呀飞呀，遮住了月亮的眼睛。

变变变！ 我变成晶莹的树挂。

变变变！ 我变成七彩的喷泉。

变变变！ 我变成淘气的浪花。

想一想，你在做什么的时候需要用到水呢？
刷牙？钓鱼？游泳？浇花？

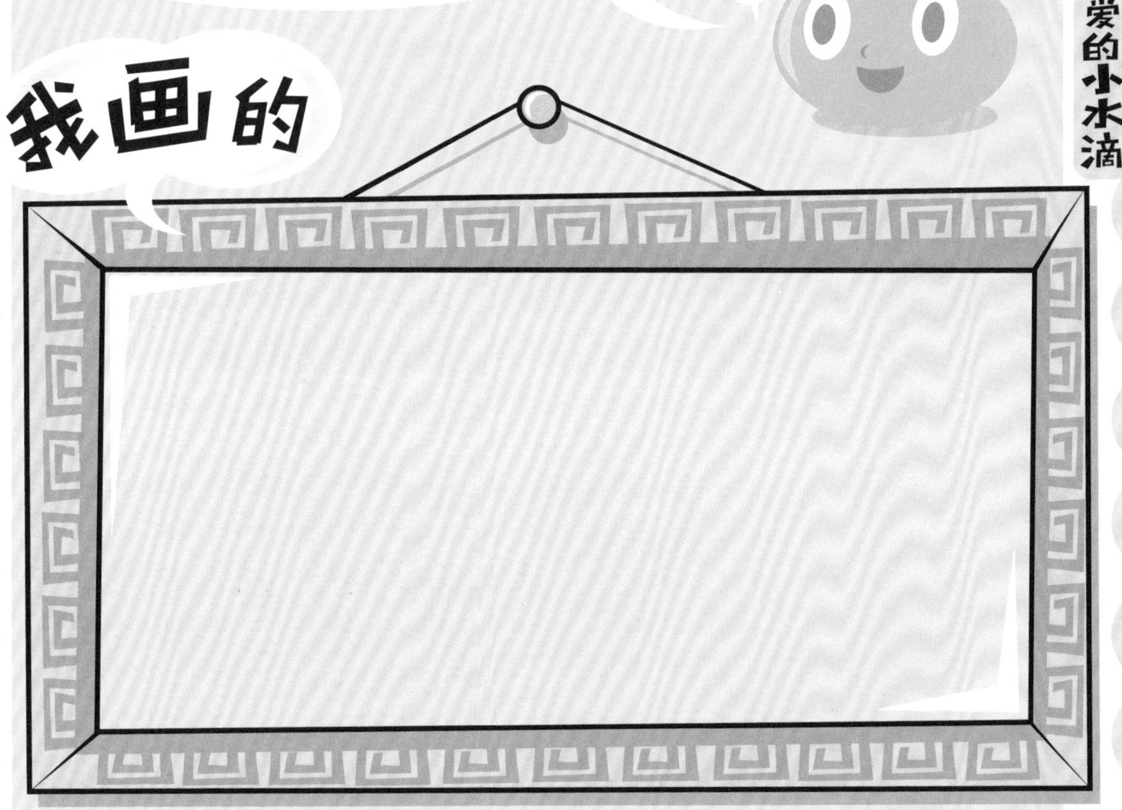

请你来画一幅与水有关的图画吧！

点子世界

我也是个放大镜！

第一章

你用过放大镜吗？知道它的原理吗？

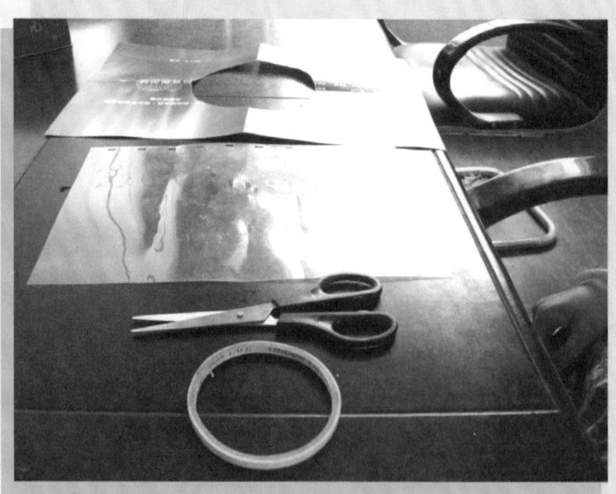

小朋友，你想拥有自己的放大镜吗？其实，做一个放大镜很简单，用小水滴就可以！你相信吗？还是自己来动手试试吧！

材料

一张透明的塑料薄膜、一张卡片纸、一些水、一把剪刀、一本书、一卷双面胶。

步骤

1. 把卡片纸对折。

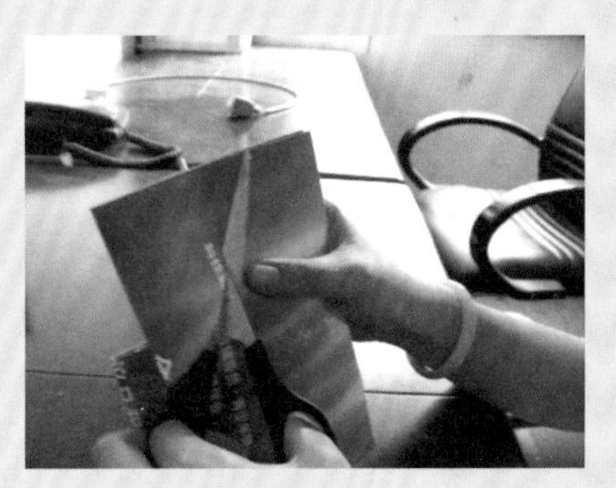

2. 在纸的中央剪出一个洞。

3. 把塑料薄膜盖在洞上。

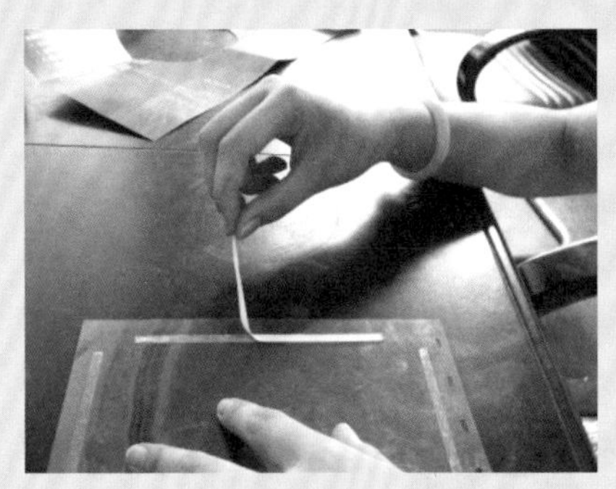

4. 沿塑料薄膜的四条边贴上双面胶，然后把它与卡片纸粘在一起。

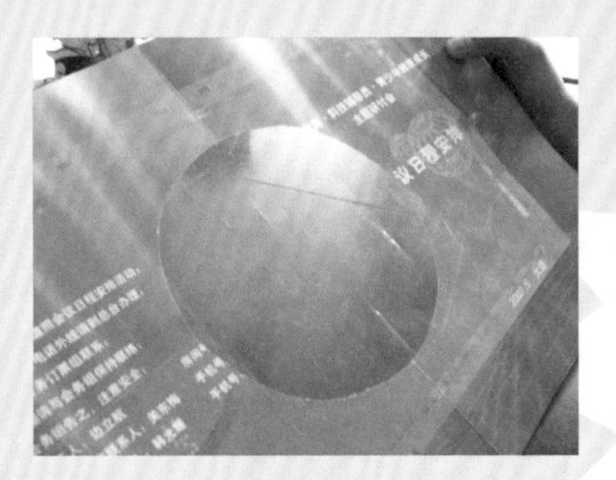

5. 小心地在塑料薄膜上滴几滴水，这样一来，水滴就变成放大镜了。

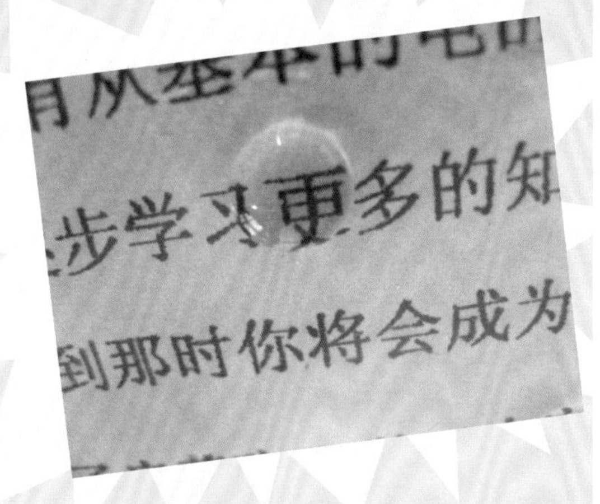

6. 把这个水滴放大镜放在书上。呀！书上的字变大了！

水滴在塑料薄膜上形成了一个中间厚、四周薄的放大镜。把它放在书上，书上的字就被放大了。

第二章 无处不在的水

故事乐园 蓝色星球的诞生

如果一个粗心大意的星际旅行者远远地快速掠过地球，之后可能会这样在航行日志中记录：一个奇怪的星体，似乎纯由水体组成。建议返航时，安排详细的绕球观察。

在人类能够观察到的茫茫宇宙中，发现水存在的痕迹的星球并不稀罕。但是有一个星球，水以 71% 的覆盖面积和约 14 亿立方千米的总储量大量地存在，这就只能用“奇迹”二字来形容了。

第二章

这个星球就是我们的地球。地球的形成是一个漫长的过程，在这个过程中产生了大片大片的水域，我们称之为“海洋”。

地球不断地变动，渐渐地，有的地方隆起形成高原和山峰，有的地方下陷形成洼地和低谷；而雨水落到地面上，汇集到洼地和低谷后，又形成了湖泊和河流。

小朋友，上面三幅画是一个“找不同”的小游戏，你能找到几处不同呢？再想想这些不同之处是怎样形成的呢？

游戏天地 地球是个( )球

小朋友，准备好了吗？我们一起来做游戏！把你的小手举起来，准备接住我们居住的“地球”吧。

找一只充好气的气球，在上面画上世界地图，陆地可以用黄色表示，海洋可以用蓝色表示。

好了，现在请你的小伙伴抛出这个“地球”，用你的小手接住它，然后看一看，你的大拇指按住的位置是陆地还是海洋？要记住自己大拇指按住的最后位置。

全班每位同学都接一次球。然后将全班同学分成两组：按住“陆地”的同学站在教室的一边，按住“海洋”的同学站在教室的另一边。分别统计一下两边的人数。

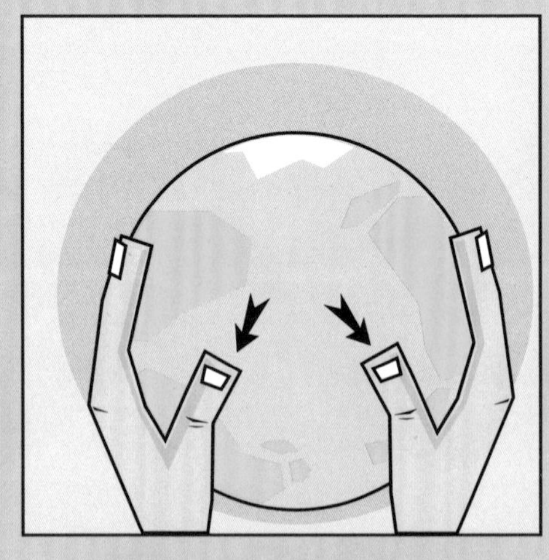

最后，全班同学讨论一个问题：游戏的结果说明了什么？地球上的海洋面积大还是陆地面积大？

地球不仅表面有水，如海洋、河流、冰川、湖泊、沼泽等，地下、云层和空气里也有很多很多的水，地球上所有动植物的体内也有水。也就是说，我们被水包围着……

动手动脑 它们在海水里能活吗？

猜一猜，用海水养花能活吗？
来，做个小实验吧。

材料

两盆相同的常见植物、配制“海水”的盐（每1000克淡水中的含盐量为35克）、喷壶、淡水。

步骤

1. 准备相同的两盆植物。

2. 配制与海水浓度类似的盐水。

3. 准备一样多的盐水和淡水。

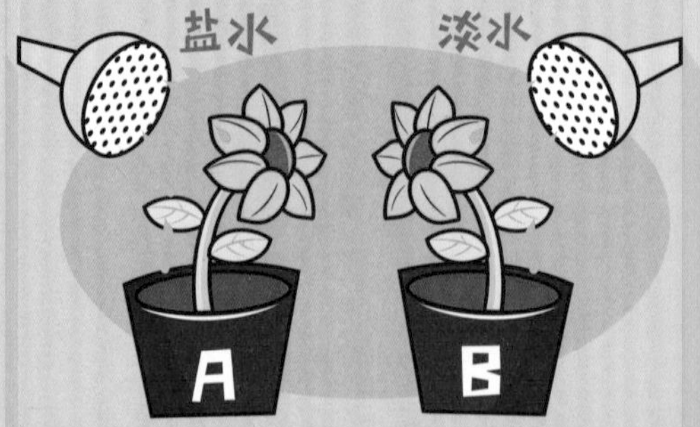

4. 每天定时定量分别给两盆植物浇盐水和淡水。

第二章

把你每天看到的情况填在下面的表格里，可以画图表示。几天之后，这两盆植物是否发生了变化？

时间	我看到	
	浇盐水	浇淡水
第一天		
第二天		
第三天		
第四天		
第五天		
第六天		
第七天		
结论		

海水浇灌作物有望实现

现在世界上的很多国家都在进行用海水浇灌粮食作物的实验，我国也种植出了抗盐作物。

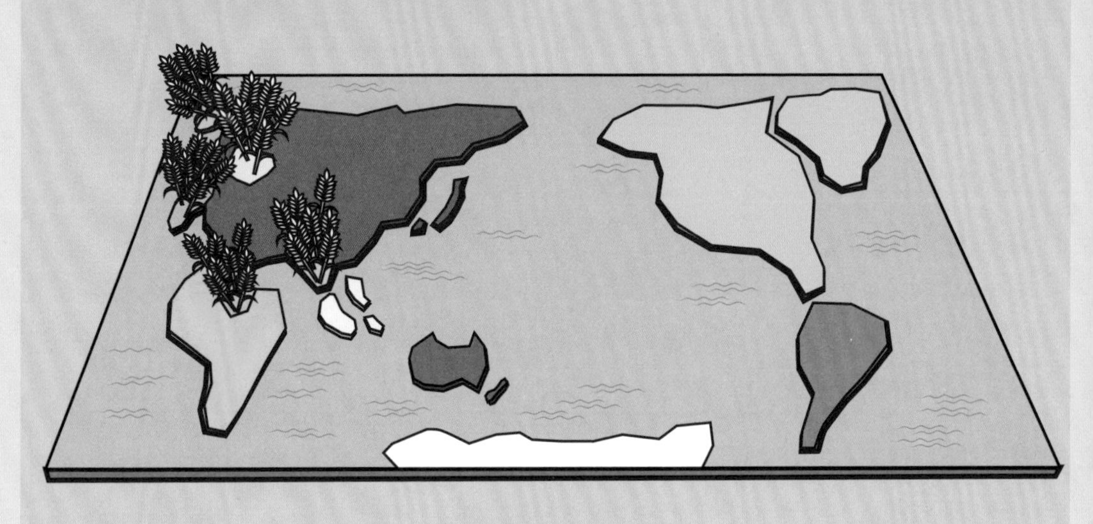

我国已开展了海洋植物抗盐基因的研究，并把生长在海水中的红树林的抗盐基因移植到了陆地农作物中，增强其耐盐性。

宝贵的淡水

小朋友们都喝过大瓶的饮料吧？

现在请你找一个1.25升的饮料瓶，向瓶里装1升水，这1升水就代表我们生活的地球上所有的水。可是，这些水里有多少水是人们能喝的淡水呢？

材料

一只1.25升的饮料瓶、一只透明的杯子、一把勺子、一根滴管。

步骤

1. 向1.25升的饮料瓶中注入1升水。
2. 从瓶中倒出一勺水。
3. 用滴管从勺中吸水并滴出一滴——这一滴就是人类能利用的淡水。

地球上所有的水

海洋和咸水湖的水

人们能利用的淡水

通过前面的学习，我们了解到地球表面的绝大部分都被水覆盖着。虽然地球上有很多很多的水，但我们能利用的淡水却只有一点点。而这很少很少的淡水，又大都分布在地球的南北两极和深深的地下，人们很想利用它们，却发现非常困难。

正如你们所见，假如地球上所有的水正好能装满一个大饮料瓶，那么我们能利用的淡水就只有滴管滴出来的那一小滴！

地球上可以利用的淡水是这样的少，我们当然应该好好地爱护这些宝贵的淡水资源。

第三章
顽皮的水

绿色童谣 问你问到底

游戏天地 水是什么形状的？

我和它们不一样吗？

大家都来玩

绿色童谣

问你问到底

清清水，我问你，

你的家，在哪里？

你的衣，什么样？

你的味，是否鲜？

我的家，在四海，漂泊游荡走天涯；

我的衣，都不同，冰霜雪雨都是我；

要知鲜，亲实践，煎炒烹炸都美味。

水是什么形状的？

皮球是球体，房子是立方体，地球是椭球体……那我们身边的液体水到底是什么形状呢？

材料

各种装水的容器（如水盆、烧杯、肥皂盒、瓶子等），以及木块、玻璃片等固体若干。

步骤

1. 把水倒入不同的容器中。水变成了什么形状？还能使这些水变换成什么形状？

2. 不断往容器中加水，直至水溢出来。还有什么办法让水流动起来呢？

3. 观察一瓶水，让瓶子不断变换姿态，静止后看它的水平面有什么变化。

4. 漂浮在太空空间站中的水会是什么形状的？请画出来。

你知道水有哪些特点吗？它与牛奶、醋、果汁等液体有什么区别？

材料

果汁、牛奶、醋、蜂蜜。

步骤

1. 将几种液体分别倒入不同的容器，先观察一下这些液体的区别。

2. 找一位同学，蒙上他（她）的眼睛，把液体的摆放顺序打乱。

3. 让这位同学闻一闻不同的液体，再用手摸一摸，感觉一下这些液体与水有哪些地方相似，又有哪些地方不同。千万记住：一定不要品尝！

把感觉记录下来！

液体	看起来	感觉	闻起来	猜猜它会结冰吗
水	透明的		没味	会
牛奶	白色的			
醋				
蜂蜜		黏稠的		
果汁				

将上述液体放入冰箱的冷冻室，看看与你猜测的结果是否一致。

第三章

大家都来玩

材料

录音设备。

步骤

1. 寻找生活中的水声。
2. 录制水的声音。
3. 让其他同学听一听，猜一猜这些声音是从什么地方发出来的。

看谁最有创意

第四章

奇妙的水

故事乐园 魔术师

游戏天地 一枚硬币上的水

点子世界 表面张力

动手动脑 神奇的溶剂

故事乐园

魔术师

如果你仔细观察，会发现水的某些特征在我们看来很平常，但在科学家看来却显得“不正常”，甚至非常奇妙。水在常温下是流动的液体，下降到零摄氏度时开始结冰。

海洋与湖泊储存了大量热能，调节了地球的温度，使得冬天不太冷，夏天不太热。

水的奇妙来自水分子的奇妙结构。水分子非常简单，是由两个氢原子和一个氧原子组成的（分子式是H_2O，H代表氢原子，O代表氧原子）。水分子又“手拉手”组成了水。

你能设想一下组成水分子的原子是怎样排列的吗？
你能画出来吗？

组成水分子的原子并不是规规矩矩地排成一列，而是两个氢原子像两个小弟弟，被一个氧原子大姐姐一边牵着一个。较大的氧原子姐姐位于中央，带负电；较小的两个氢原子在两边，带正电。水分子的双极性就像一块小磁铁，使一个水分子中的氢原子弟弟会主动伸出手，去拉另一个水分子中的氧原子姐姐。

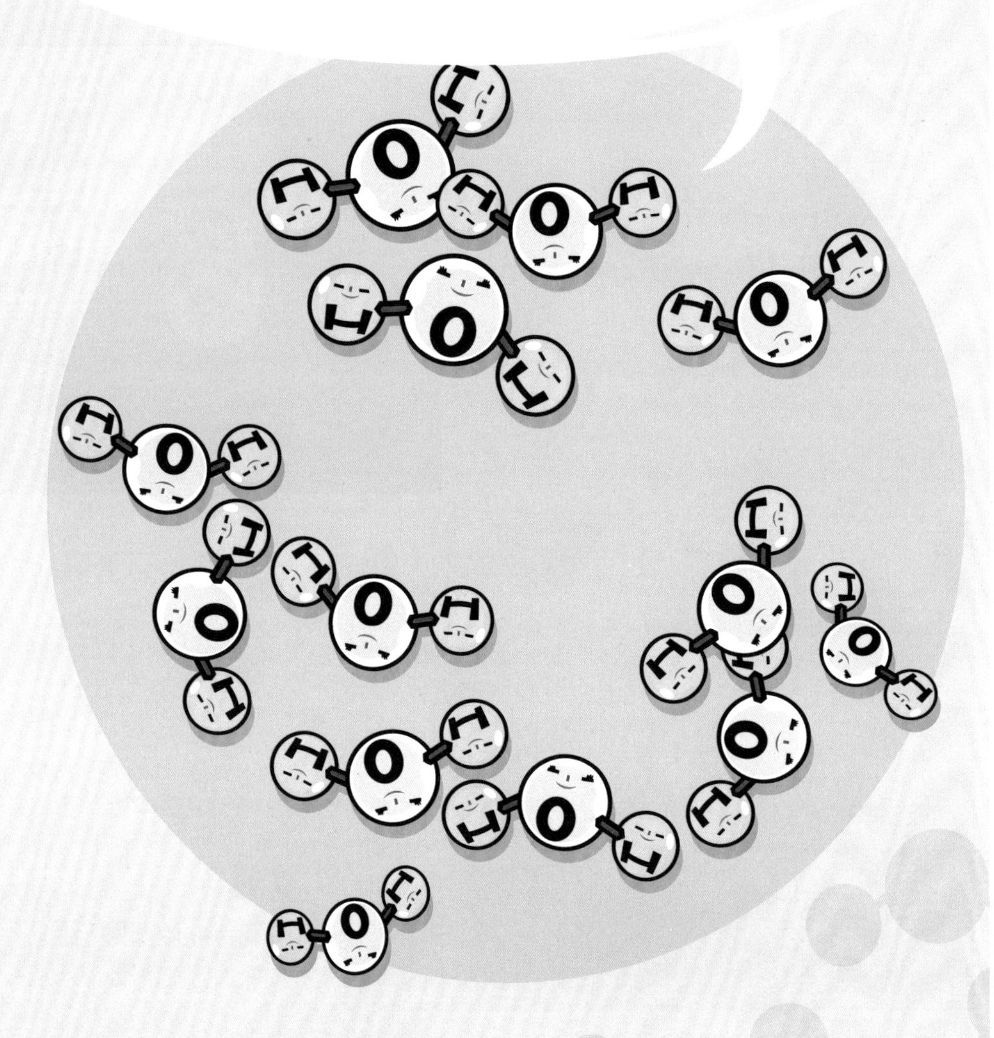

接下来，我们要通过一个小游戏感受一下水的神奇。准备好了吗？我们要开始啦！

游戏天地

一枚硬币上的水

材料

一枚1角硬币、一根胶头滴管、一个盛水的小杯子。

第四章

步骤

将同学们分成六组。

请各组先猜一猜这枚 1 角的硬币可以接住几滴水（平放的硬币上的水溢出为止）。

每个小组用胶头滴管取干净的水，在离硬币 1 ~ 2 厘米处慢慢滴水，直到水溢出。统计滴在硬币上的水滴数。

游戏记录

组 别	1	2	3	4	5	6
估计值（滴）						
第一次实测值（滴）						
第二次实测值（滴）						
第三次实测值（滴）						
实测平均值（滴）						
估计值 - 实测平均值（滴）						

注意：只有干净的水才能有这样的效果。现在，在水中加入一些杂质（如橙汁或洗衣粉），再试一试，看看这回一枚硬币上能够接住几滴水。

表面张力

原来一枚硬币可以接住这么多的水啊！同学们，你们知道这是怎么回事吗?

硬币上的水滴实验向我们展现了水的表面张力。什么是水的表面张力呢？简单讲，表面张力就是使液体的表面积缩小的力。处于中间的水分子被来自四面八方的其他水分子包围，受力均匀。处于表面的水分子受到水内部力的作用，所以我们看到的水才成了“水滴”的样子。

生活中你还能在什么地方观察到液体的表面张力呢？

清晨的露珠

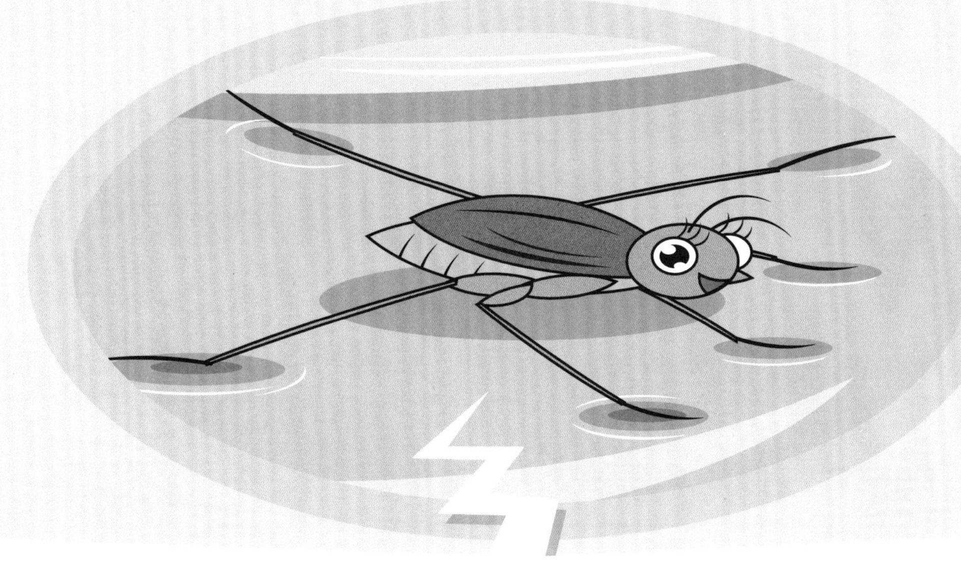

这是一种叫作水黾（mǐn）的昆虫，它能够轻松地在水面上行走。

动手动脑 神奇的溶剂

在这个实验中，你将通过比较，感受到水作为溶剂的神奇。然后给你的小伙伴讲一讲什么是溶剂吧！液体都有相似相溶的性质，我们一起来体会一下！

第四章

材料

6只塑料杯子（透明的最好）、水、油、蜂蜜、食盐、洗衣粉、面粉。

步骤

1. 给6只杯子分别标上序号：1、2、3、4、5、6（用记号笔或标签纸标记）。
2. 在1、2、3号杯中加入水，在4、5、6号杯中加入等量的油。
3. 在1、4号杯中加入等量的盐，搅拌。
4. 在2、5号杯中加入等量的蜂蜜，搅拌。
5. 在3、6号杯中加入等量的洗衣粉，搅拌。

请涂色

你还能找到什么物质加到水和油中？

例如，我们比较一下面粉放在水和油中搅拌后的状态。

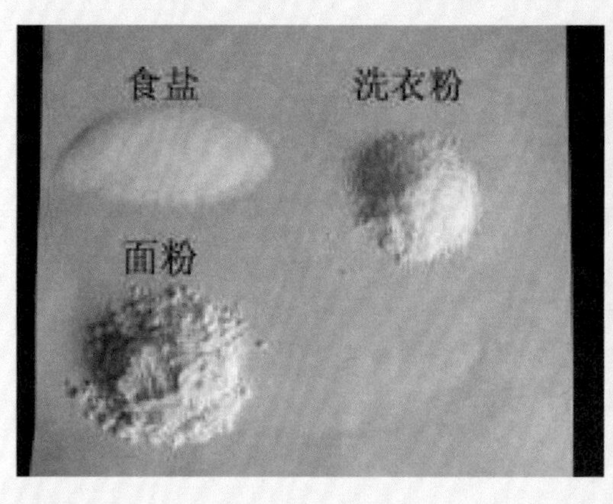

取一勺面粉放到水中，搅拌并观察。

取一勺面粉放到油中，搅拌并观察。

比较面粉在不同溶剂中的状态。

6. 请你设计一张表格，记录下实验结果，比如：

溶解物 溶剂	盐	蜂蜜	洗衣粉	面粉	
水					
油					

思考

1. 如何描述你看到的结果呢？
2. 在水和油中，哪一种放进去的物质溶解得更快？
3. 现在，你能描述一下什么是溶剂吗？

我看到：

溶剂是：

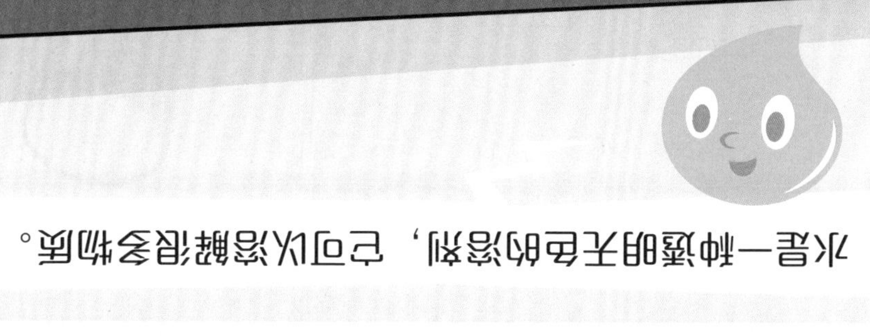

水是一种透明无色的溶剂，它可以溶解很多物质。

第五章 和水捉迷藏

故事乐园 水娃娃哪儿去了？

游戏天地 是你看不见，还是我没有了？

动手动脑 寻找消失的水

没有我，你还行吗？

故事乐园

水娃娃哪儿去了？

水娃娃，水娃娃，

会变戏法的水娃娃。

一会儿变出小雨滴，

一会儿变出冰窗花，

一会儿变出水蒸气，

飘呀飘呀飘走啦……

第五章

这是我们在生活中经常遇到的现象，水娃娃跑到哪里去了呢？

水娃娃去了：

游戏天地

是你看不见，还是我没有了？

把一小块冰放在手上，看它会发生怎样的变化并记录下来。

水的变化			
变化的阶段	从冰到水	从水到气	从冰到气
变化所用时间（分钟）			

为什么从冰箱中拿出饮料后，饮料瓶的表面就会凝结出一层水珠呢？

用湿布擦黑板，过一会儿黑板上的水迹为什么就干了呢？

夏天，我们从游泳池里上来，不一会儿身上的水就没了，这又是怎么回事呢？

寻找消失的水

现在，让我们在老师（家长）的帮助下一起动手动脑来做这个实验，然后你就知道了。

材料

试管、滴管、酒精灯、铁架台、试管夹。

步骤

1. 在水中放入各色的颜料、油、醋、酱油等物质，观察水的变化。
2. 把它们分别加热 2 分钟，再看一看。

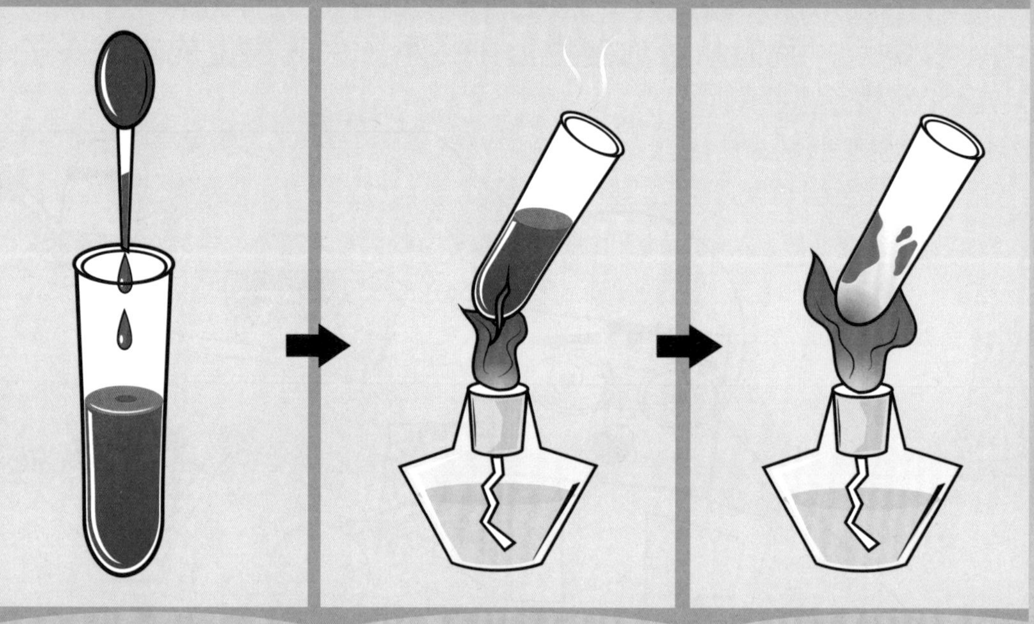

向试管中加入带颜色的液体　　用酒精灯加热　　试管中只有颜色没有水了

提到水，你首先想到的形态是什么样子的？对，一定是可以流动的液态水。但实际上水还有其他两种形态：气温非常低时，水会结成冰变成固体；沸腾时，水就变成了气体，也就是我们常说的水蒸气。

水在常温下也会变成气体。例如，下雨时衣服被淋湿，到了室内过一会儿便干了，这是怎么回事？衣服上的水到哪里去了？原来，衣服上的水是消失在空气中了，这种现象叫作蒸发。水变成水蒸气后，就与空气混合并被空气带走了，我们用肉眼一般是看不见的。

点子世界

没有我，你还行吗？

与父母商量一下，选择一个休息日，体验一下无水的生活。

尝试从早餐后就不再喝水，一直到口渴坚持不住，再次饮水（包括吃水果、喝饮料等），你最多能坚持多长时间？说一说你的感受。

“无水日”的感受

第六章 美丽的水圈

故事乐园　阿奎游世界

点子世界　你看，我在哪儿？

动手动脑　带你去旅行

游戏天地　猜一猜，补一补，帮它们找到“家”

故事乐园

阿奎游世界

大家好！我的名字叫阿奎（阿奎是英语“aqua”的音译，也就是水的意思）。

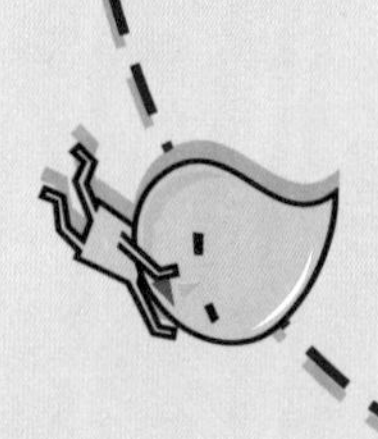

原来，我住在地下，一次火山喷发把我从地下喷到了空中。

外面的世界好大啊！

我一会儿飘到东边，一会儿飞到西边，一会儿上升，一会儿下落，在天空中玩得好不自在……“阿奎，阿奎！快下来玩啊！”我低头一看，原来我的那些伙伴都在海洋中。“兄弟们，外面的世界还大着呢，让我们一起去探险吧！”

后来，我和许多小伙伴一起乘风飘呀飘。天气好冷啊，我只好和其他小伙伴紧紧地抱在一起，变成了乌云。天气越来越冷，我的身体越来越沉。后来，我变成了雨滴，落到了地面上。

落到地面后，我很快就又钻进泥土里，被树根吸进去了。我在小树的身体里携带着树木需要的各种营养向上“走”，经过树干，来到了树枝，最后进入了一颗坚果的组织中。

第六章

蚂蚁们成群结队地把掉落在地上的坚果和树叶运回窝里，慢慢享用，就这样，我来到了蚂蚁的身体里。春天到了，蚂蚁们正在大规模地迁移。路过河边时，突然一阵风把蚂蚁吹到了河里，蚂蚁成了鱼的美餐。我也跟着进入了这条鱼的身体里。小鱼长大了，游进大海。

太阳出来了，海面很暖和，我晒着太阳，觉得身体轻飘飘的，不知不觉就飞出了海面，来到了空中。我高兴地大喊："我又回来了，我又能飞了！"

后来呢？小朋友，你知道阿奎后来又到哪里去了吗？

你看，我在哪儿？

1. 我们的四周都被空气环绕着，那我们的水滴朋友在哪儿呢？
2. 每人编一个关于水的故事，在班里给同学们讲一讲。

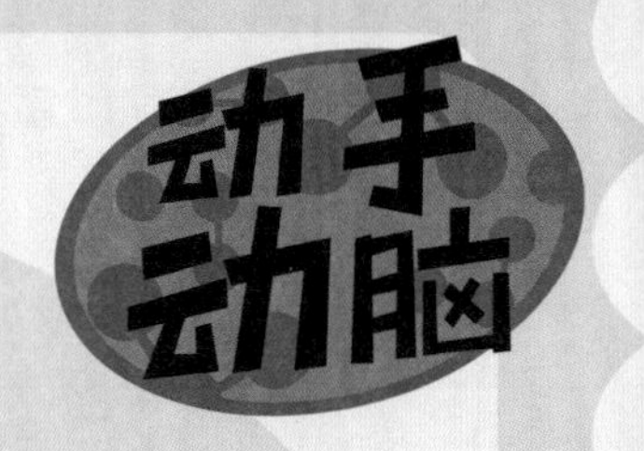

下雨的时候，你可以合拢手掌接一些雨水。

这些雨水里的水宝宝是从哪里来的？

刚才，它在你头顶上的一片乌云里；可是去年，它可能正在黄河里流淌；几十年前，它可能在南极的冰川里住过；或许几亿年前，它可能曾滴落在恐龙的头上……

这是怎么回事？

原来，地球上所有的水宝宝都有过这样的经历。水在自然界里不会停留在一个地方不动。它一会儿在天上，一会儿在海里，一会儿又来到陆地上。它有时在我们的身体里，有时在青草的叶子里。水宝宝是自由自在的旅行家。

让我们自己动手做个有趣的实验，体验一下水循环的过程。

材料

沙子、水、一个平底碗、一个小瓶子（可以放进平底碗中）、保鲜膜、橡皮筋或橡皮圈、一块石头、台灯（或其他非冷光源）。

步骤

1. 在平底碗中加水，直至水盖满碗底，在小瓶子中装满沙子，然后放入碗内。

2. 用保鲜膜盖住碗口，并用橡皮筋扎紧。

3. 用一块石头压住保鲜膜，石头要放在小瓶子的正上方。

4. 将平底碗放在阳光下直晒，或是放在台灯下直接照射。一小时后观察碗和保鲜膜。

我观察到的水循环的过程是：

猜一猜，补一补，帮它们找到“家”

我们在前面的内容中学习了很多关于自然界中水循环的知识，还和阿奎一起周游了世界。现在我们进行一场竞赛，这场竞赛和以往的不同，大家要根据谜语，把对应的谜底贴在图上的恰当位置。看哪个组进行得最快。

注意 有的谜底可能在图上重复出现。

猜一猜：以下 9 个谜语的谜底分别是什么？

1. 刀砍没有缝，枪打没有洞，斧头砍不烂，没牙咬得动。(　　)
2. 天上有个魔术家，爱给大家变戏法。变猪变羊又变马，看得大家笑哈哈。(　　)
3. 千根线，万根线，落到水里看不见。(　　)
4. 像糖不甜，像盐不咸。冬天飞满天，夏天看不见。(　　)

5. 看看亮晶晶，摸摸凉冰冰，走走滑溜溜，晒晒水淋淋。(　　)

6. 山上有株草，珍珠结不少。我去没拿来，你去也白跑。(　　)

7. 又像轻纱又像烟，飘飘荡荡在眼前。想要抓它抓不住，太阳一出就不见。(　　)

8. 弯弯一座桥，挂在半天腰。七色排得巧，一会儿不见了。(　　)

9. 一只球，热烘烘，落在西，出在东。(　　)

可使用书后的贴纸，贴在下页《水循环简图》的适当位置。

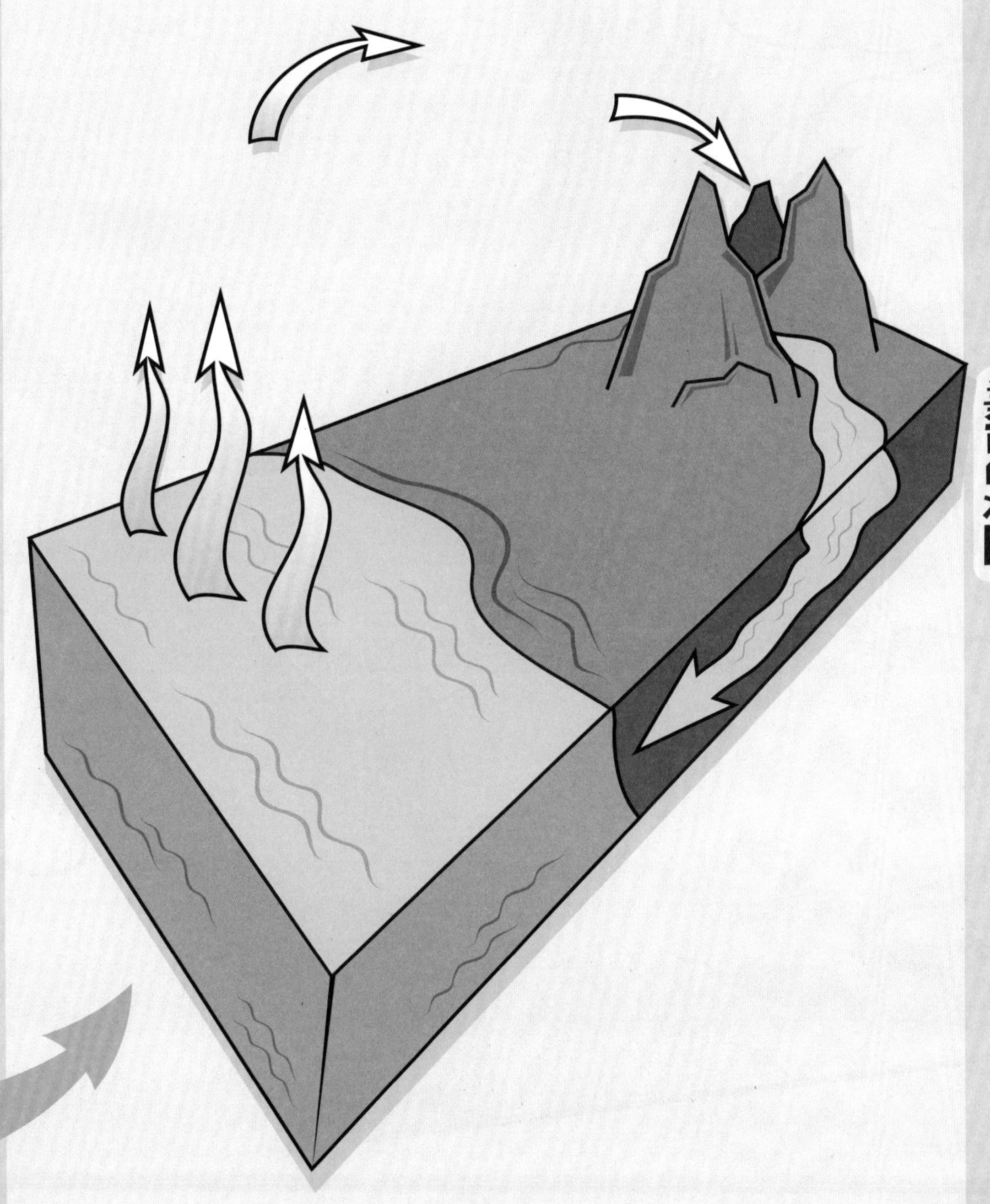

水循环简图

第七章 我们离不开水

故事乐园　小嘴唇裂了

动手动脑　水和我的一天

游戏天地　森林里的小溪

绿色童谣　我们的生活离不开水

故事乐园 小嘴唇裂了

小朋友，你一定感受过口渴的滋味吧？口干舌燥，严重的时候嘴唇还裂开了小口子，疼疼的，这时最想做的就是喝上一口清凉的水。

口渴的滋味真让人不好受。你知道吗？假如你现在的体重是 30 千克，那么你体内就有大于 19.5 千克的水。这些水不停地在你的身体进进出出。要是长时间不喝水，你的身体就会缺水，进而产生口渴的感觉。

水在人体中的作用非常重要，它肩负着输送血液、排除体内废弃物的重任。天热了我们很难受，这时身体就会出汗，汗水带走了体内的热量，使我们的身体变凉快，同时也会带走体内的水分。如果你身体里的水分太少，时间长了就会头痛、疲倦。如果人太长时间不喝水，甚至还会昏迷、死亡。正常人每天至少需要喝 1500 毫升水，大约 8 杯左右。水在我们身体里的地位是多么重要啊！

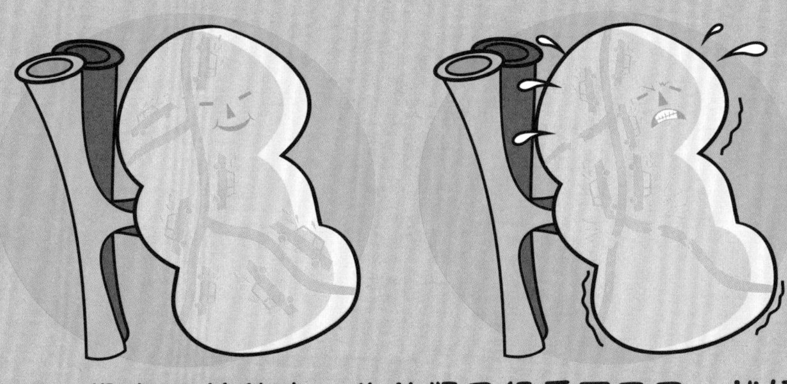

看，没有足够的水，你的肾已经受不了了，就好像公路塌陷，无法再正常运输了一样。

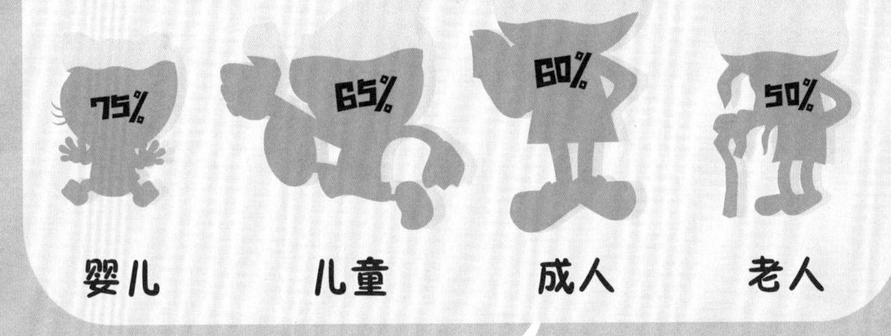

人从出生到老年身体里水分含量的变化

一些常见的物体中水分的含量

水和我的一天

小朋友，你知道在我们每一天的生活中，都有什么地方会用到水吗？开动脑筋想一想，然后把它写下来。

写在这里吧

一顿非常简单的早餐：面包、牛奶、水果。面包，需要水才能做出来；水果，它的生长怎么能离开水呢？当然，加工牛奶就需要更多的水了！吃完饭，你还要用一点水来漱漱口。瞧瞧，瞧瞧！你每时每刻都离不开水……

你吃的东西都需要水吗？

我们再来看看生产这些食物需要多少水吧！

生产1千克小麦需要1.6吨水；生产1千克大米需要2.5吨水；
生产1千克土豆需要0.3吨水；生产1千克鸡肉需要4.3吨水；
生产1千克牛奶需要1吨水；生产1千克豆子需要5吨水；
生产1千克生菜需要0.24吨水；生产1千克洋葱需要0.27吨水。

小朋友，你能想办法计算一下做个你爱吃的鸡肉汉堡包或特色炒饭需要多少水吗？

我的计算：

森林里的小溪

游戏天地

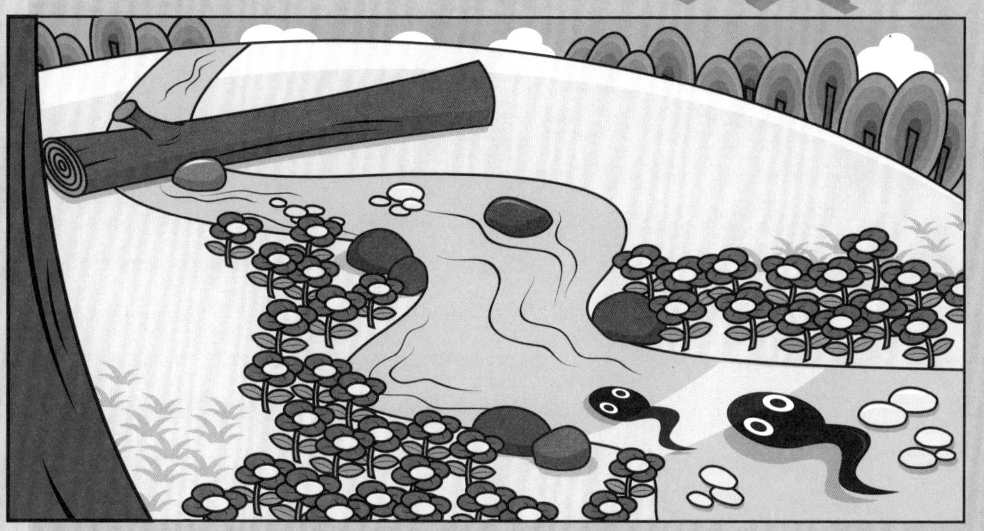

森林里因为有了水才显得生机勃勃，有了水才热闹非凡，有了水一切都变得不同寻常。

这个游戏至少需要两位同学来完成。一位同学把眼睛蒙上，另一位同学在旁边进行朗诵，让蒙上眼睛的同学有身临其境之感。

步骤：

1. 大家集体阅读这段文字，找出这段文字中的几个场景。

在森林里的一条小溪边，我看见溪水在浅的地方遇到云杉树根的阻碍，于是冲着树根潺潺鸣响，冒出气泡。这些气泡迅速地顺着水流漂走，有些不久就会消失，但大部分会漂流到新的障碍那儿，挤成白花花的一团，老远就可以望见。

流过一段又浅又阔的地方，溪水急急注入狭窄的深水道，因为流得急而无声，就好像在收紧肌肉。

如果遇上大的障碍，溪水就嘟嘟哝哝的，仿佛在表示不满，这嘟哝声和从障碍上飞溅过去的声音，老远就能听见。然而它们并不自怨自艾，每一条小溪都深信自己会到达自由的水域。

水波反映的阳光像青烟似的总在树上和青草上晃动着。在小溪的潺潺声中，树枝的幼芽在萌发，岸上的青草越发茂盛。

这是一个静静的漩涡，漩涡中心是一棵倒了的树，有几只亮闪闪的甲虫在平静的水面上打转，惹起了粼粼涟漪。

小溪兴奋地互相呼唤，许多股有力的水流汇到了一起，形成了一股强壮的水流，所有来到一起又要分开的水流都在打招呼呢。

有一棵树横跨在小溪上，春天一到竟还长出了新绿，小溪在树下找到了出路，欢快地奔流着、晃动着，发出潺潺的声音。

你会顺着小溪来到一处宁静的地方，听见一只灰雀的低鸣和一只燕子惹动枯叶的簇簇声，这声音竟会响遍整片树林。

小溪从密林里流到空地上，水面在艳阳朗照下开阔了起来。水中钻出了第一朵小黄花，还有像蜂房似的一团青蛙卵，它们已经相当成熟了，从一颗颗透明体里可以看到黑黑的蝌蚪。同样在这片水面上，有许多浅蓝色的小蝇贴着水面飞一会儿就落在水中。一只黑星黄粉蝶，又大又鲜艳，在平静的水面上翩翩飞舞。

2. 场景里都提到了哪些你可以用五官感受的内容（听觉、触觉、嗅觉等）？

3. 根据这些内容，找到相应的可以感觉的物品（潺潺的水声如何表现？水与石头的碰撞声如何表现？树枝被折断的声音如何表现？）。

4. 搜集一些物品，比如松枝、圆石头、青草；记录一些声音效果。

5. 收集这些物品时，一定要注意保护环境，不要去攀折植物。

绿色童谣

我们的生活离不开水

天空降下的是雨水，冰山融化的是雪水，峡谷流淌的是溪水，碧波如镜的是湖水，奔腾入海的是江河水，

山里还有甘甜的泉水，这些都是自然界中的水。

生活中处处都有水。

咸咸的水是泪水，甜甜的水是西瓜水，跳舞的水是喷泉水，便捷的水是自来水。

人和动物需要水。

洗衣做饭需要水，灌溉农田需要水，发电航运需要水，美化环境需要水。

我们的生活离不开水，我们的地球离不开水，世间万物离不开水，希望大家节约用水。

第八章

与水做朋友吧！

故事乐园　到处都是我的兄弟姐妹

我的拳头有多大？

模拟潜水艇

游戏天地　和水有关的……

故事乐园

到处都是我的兄弟姐妹

我们水滴兄弟姐妹遍布大自然的各个角落，无论你身在何处都能找到我们。

真的吗？我才不信呢！

那咱们就试试看？你随便说个地方，我都能给你找到。

好！我就不信难不倒你！土壤里？

太简单啦！植物的生长都需要水，在土壤孔隙中含有丰富的水，为植物的生长提供充足的水分！

天空中？

有，当然有！通过蒸发作用，我们慢慢地变成水蒸气，躲进云里。等到彩云姐姐的屋子挤不下了，我们就纷纷从那里跑出来，形成降雨，回到大地妈妈的怀抱。

嗯，让我再想想……动物和植物的身体里？

动物的血液、植物的汁液！你看，夏天人们都喜欢吃西瓜消暑，一口咬下去，甜甜的瓜汁就会流入口中，太享受了！

好了，好了，别说啦，听得我都馋了！那茂密的大森林里呢？

那里就更多了！肥沃的土壤里、潮湿的空气中、潺潺的山涧溪水中、参天的大树里，我们水滴家族遍天下！

哇！你真厉害，走到哪里都有你的兄弟姐妹！

呵呵！如果我们所有水滴团结起来，汇成一条长长的大河，流入海洋，那样的话能耐才更大呢！万吨巨轮我们都能轻而易举地托起来！你听说过阿基米德与皇冠的故事吗？

讲的是从前有位国王怀疑工匠给他做的皇冠不是纯金的，于是要阿基米德想办法证明。阿基米德日思夜想找不到答案。有一天，他准备洗澡，当他进浴缸的时候有水溢出去了，他忽然想到：把与皇冠重量一样的一块金子放入水中，看看排出来的水是不是一样多，就可以证明皇冠是不是纯金的了。

我的故事讲完了，下面来考考你听得是否认真。你能把上面六幅画的顺序正确地排列出来吗？

后来，人们根据阿基米德与皇冠的故事，模仿设计了很多科学实验。阿基米德还给出了著名的阿基米德定律：浸在液体里的物体受到向上的浮力，浮力的大小等于物体排开的液体所受的重力（质量）。

看不出你知道的还不少呢！

第八章

我的拳头有多大？

我们的铅笔盒是立方体，玩的足球是球体，这些物体都有规则的形状，我们可以准确地测出它们的体积。伸出你的拳头，它既不是方的，也不是圆的，你知道用什么方法来测量你拳头的体积吗？其实很简单，只要几样工具就能办到。你相信吗？快来跟我一起动手试试吧！

材料

有刻度的容器、玻璃杯、可容纳玻璃杯的大烧杯、一杯水、纸和笔。

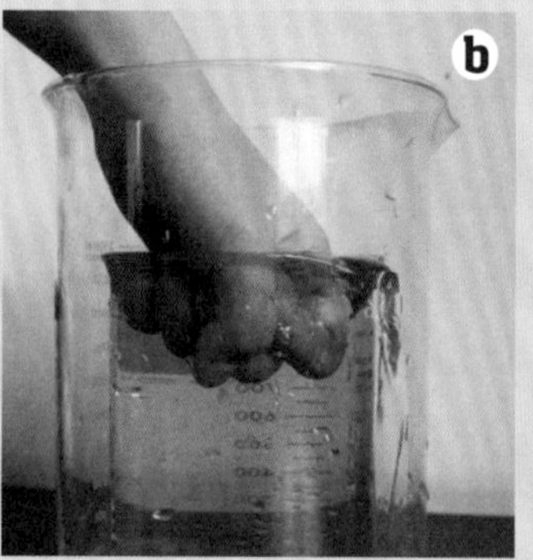

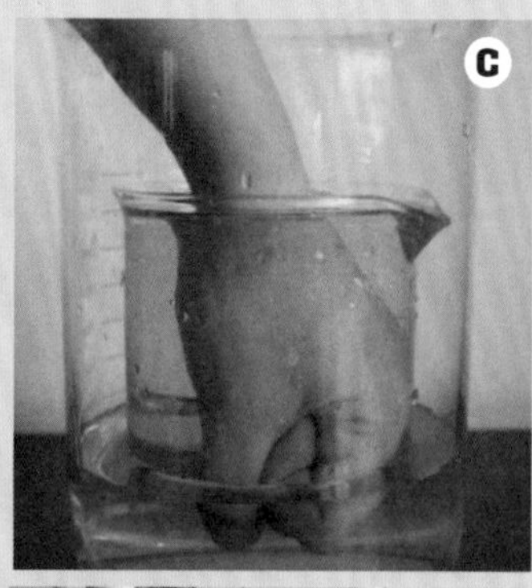

步骤

1. 将玻璃杯放在大烧杯中，把拳头伸入注满水的玻璃杯里，让整个拳头都处于水面以下，注意不要碰触杯底或杯壁，也不要让溢出玻璃杯的水溢到大烧杯外。

2. 将溢到大烧杯中的水倒出，用有刻度的容器测量水的体积，然后我们就能知道拳头有多大了。

你知道这个实验依据的是什么科学道理吗？还是让我来给大家说说吧！

我们运用了一点置换的概念，知道了排出水的体积，也就知道了拳头的大小。

模拟潜水艇

材料

一个带盖的小塑料瓶或塑料盒、一段细塑料软管、一枚硬币或铁钉、食用色素、水、防水蜡或胶水、一个大一些的容器和一个注射器。

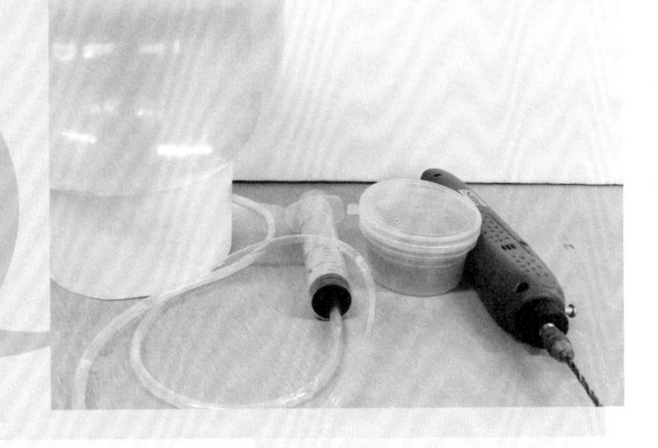

步骤

1. 在塑料盒的盒盖和盒底相对的位置各打一个洞。

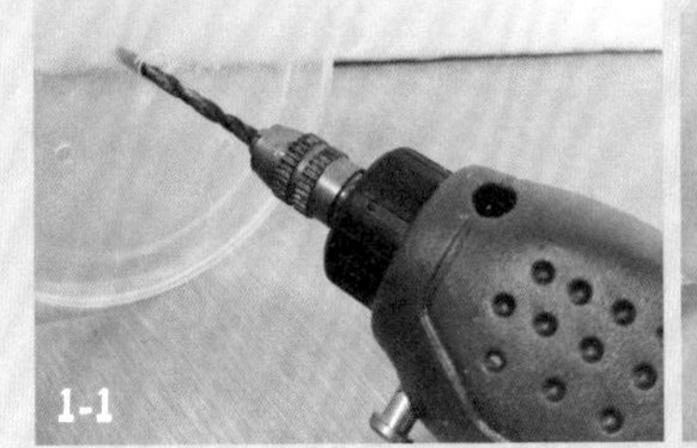
1-1

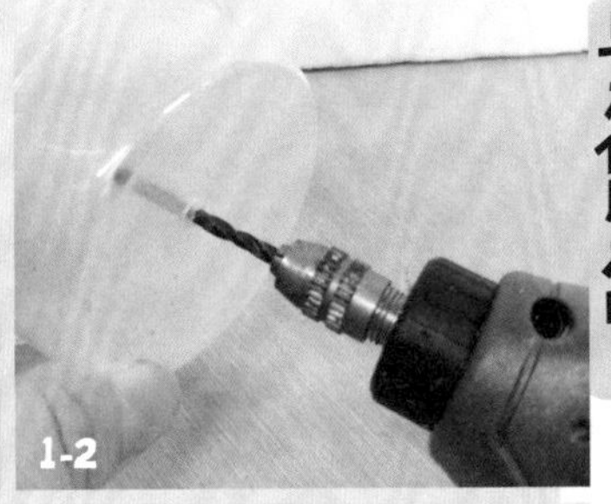
1-2

2. 将塑料软管的一部分插入盒盖上的洞内，并用防水蜡或胶水密封，避免漏气。

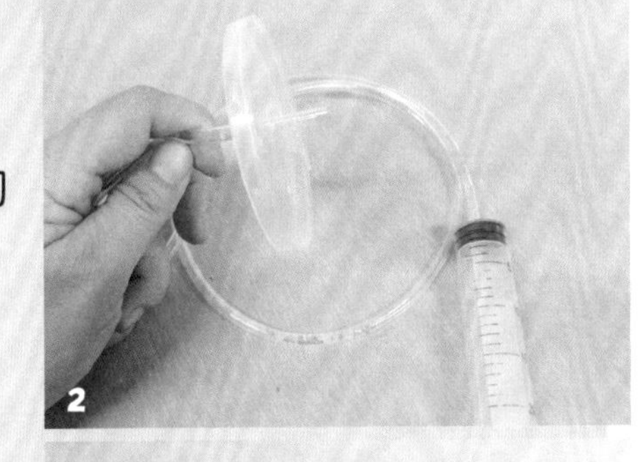
2

3. 把硬币或铁钉放入塑料盒中增加重量，使盒底的洞总是能接触到水。并在盒子里放一些食用色素，可以更好地显示水的流动。

3

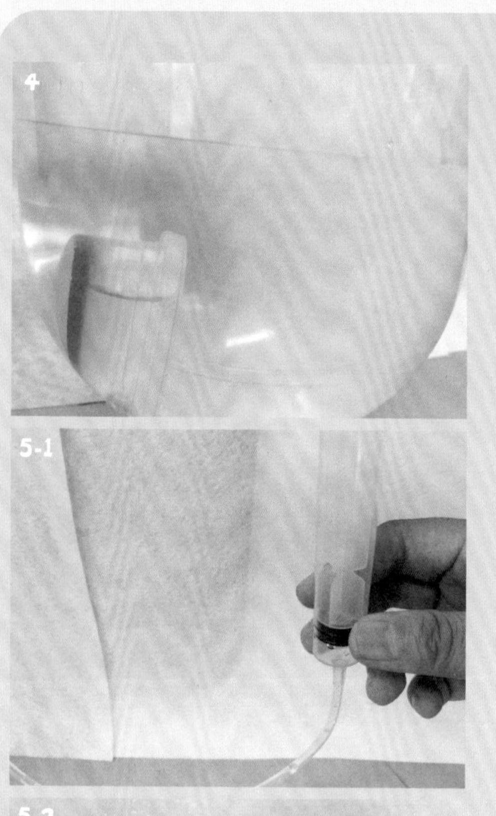

4. 把盒子放入盛满水的大容器中。当水通过盒子底部的洞进入时，盒子将开始下沉。

5. 用注射器将空气泵入盒中，当水被挤出盒子时，盒子会渐渐浮出水面。

你知道为什么会出现这样的结果吗?

“潜水艇”在水中是下沉还是上升取决于它体内的气压。当你用注射器抽出盒子里的空气时，盒子内的气压会下降，水会通过盒子底部的洞进入盒子里，使盒子变得更重，潜入水中。如果你继续抽空气，它会继续下沉。当你开始泵入空气时，盒子内的气压会上升，里面的水会被挤出去。这样一来，盒子就变轻了，渐渐浮起来。

潜水艇的工作原理

大家都知道，潜水艇是一种军用舰艇，可以潜入水下航行，进行侦察和袭击。但是对于潜水艇的工作原理，许多同学就不太了解了，甚至有人误以为潜水艇浸没于水中后就会下沉，直至沉底。其实，潜水艇潜入水中后，排开的水的体积不再变化，它所受到的浮力就不变了，控制它的下潜深度要靠改变潜水艇蓄水舱里的水量（即改变重力）来实现。当潜水艇水舱里的水量保持不变时，潜水艇在水下是处于悬浮状态，而不是沉底。

潜水艇的沉或浮是靠改变潜水艇的自身重量来实现的。潜水艇有多个蓄水舱，往蓄水舱中注水，使潜艇的重量增加。当自身重量超过它的排水量时，潜水艇就会下潜，反之，则会上浮。

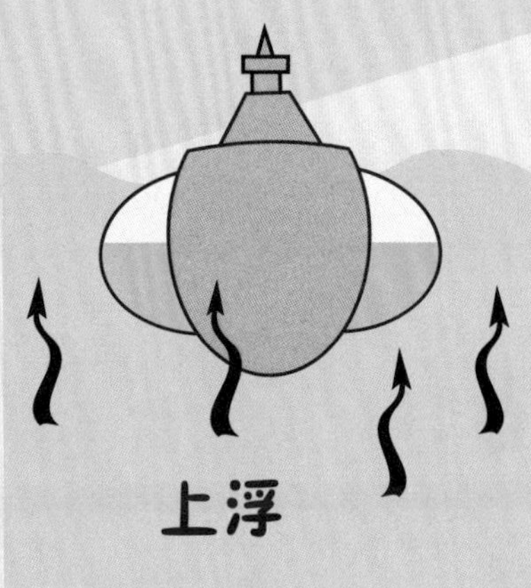

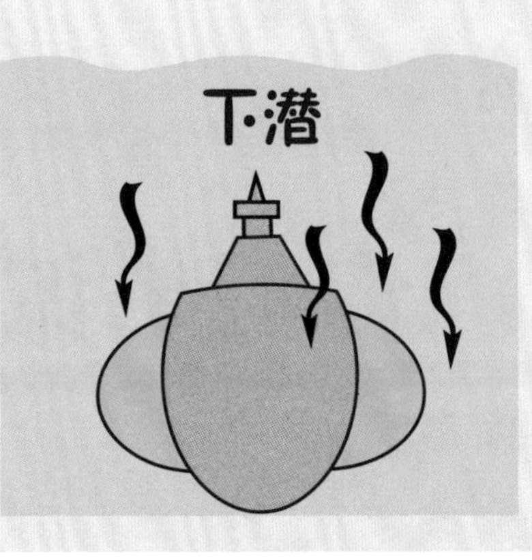

游戏天地 和水有关的……

游戏一

请你填入和“水”字有关的词。

水□□□	水底捞月	水涨船高
□水□□	滴水成冰	远水近火
□□水□	山清水秀	山穷水尽
□□□水	望穿秋水	落花流水

游戏二

请你们分组玩成语接龙游戏。第一个人以水字开头写一个成语，接龙的词必须包含“水”或与水相关的字（如流、海、冰）。

举个例子：

水涨船高 → 高山流水 （完成）

你们也试试吧！

我写的

?
字典